4種基礎麵團×53款美味麵包

今天來烤麵包吧

荻山和也 著

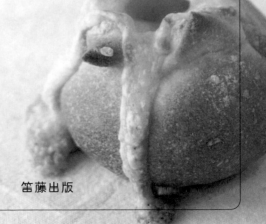

笛藤出版

今日は
何の日

學生經常問我「在家也能烤麵包嗎?」
其實,我經常在家烤麵包給自己吃,
不過大部分都是簡單的麵包,不是複雜講究的種類。
這次介紹的四種基礎麵包,
就是來自我在家烤麵包時的私房美味食譜。
這是以我烤過無數次麵包的經驗為基礎所研究出來的,
發揮每種麵團的不同特徵,
盡可能地用最簡單的方式烘烤,
希望能將許多美味又可愛的麵包介紹給大家。

CONTENTS

chapter 1 早餐麵包

chapter 2 野餐麵包

column

chapter 3 宴客麵包

column

chapter 4 晚餐麵包

chapter 5　點心麵包

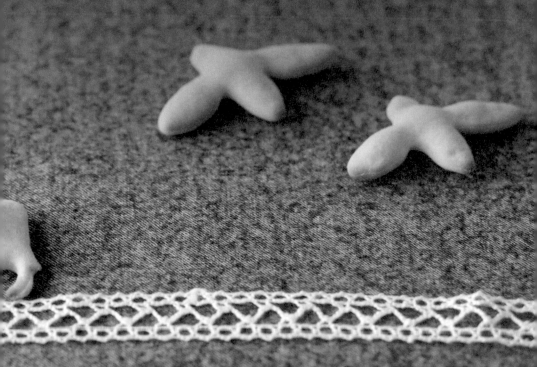

chapter 6　可頌

開始烤麵包之前

不如來烤個麵包吧！

揉一揉，烤一烤，就像玩陶一樣有趣。

　　第一次烤麵包，只要抱著「不如來烤個麵包吧！」這樣的輕鬆心情就好了。麵包的世界雖然愈是探索愈是深奧，但也不需要一開始就挽起袖子、幹勁十足地做到那個地步。揉麵的時候，心情要像孩提時代玩黏土一樣。將完成塑形的麵團送進烤箱烤，豈不正像玩陶藝時的窯燒。抱著假日玩陶的心情，享受烤麵包的樂趣吧。

　　雖然並不簡單，接下來本書將介紹酵母的發酵方法等等製作麵包的基礎。麵團經過發酵就會膨脹，看到麵團膨脹時，心情總會跟著雀躍起來，這是做麵包時最開心的時光。麵包教室的學生經常對我說「老師每次看起來都好開心」。的確，我曾想過，說不定最享受的人就是我呢。做麵包時的我，就是這麼快樂。常有學生對我說「可以讓孩子們吃親手做的麵包，真放心」、「把麵包分給鄰居吃，大家都説好吃」，聽到這些分享當然也很欣慰，不過，光是看到學生們在我的協助下成功揉出漂亮的麵團，塑形也愈來愈上手，就是我最高興的事。

回憶中的剛出爐麵包

麵包店的香氣令人難忘

　　日本於1964年舉辦東京奧運之後，飲食文化便逐漸歐美化，自助式的麵包店如雨後春筍般出現。「手作麵包」、「新鮮剛出爐麵包」也開始廣受消費者喜愛。日本的麵包店不但有吐司和法國麵包等單純的種類，也看得到各種口味、各種餡料的鹹麵包與點心麵包，選擇十分豐富。日本人偏好油脂較多，口感綿密柔軟與口味偏甜的麵包，因此發展出和歐式麵包不同的料理麵包、蒸麵包、紅豆麵包等等點心麵包。

　　在我小學四、五年級的時候，家附近開了一間名叫「阿福」的麵包店，我還記得自己常和朋友騎腳踏車去買麵包。店裡的香氣和剛出爐的菠蘿麵包，至今依然清晰地留在記憶中。儘管現在吃剛出爐的麵包已是理所當然的享受，在那個年代，想吃到剛烤好的麵包還是很難得的事，為了買到剛出爐的麵包，店門口總是大排長龍。現在，製作麵包的方法進步了，使用的食材也更高級，甚至有法國人迷上美味而選擇眾多的日式麵包呢。

不易失敗的麵包作法

你或許也曾認為製作麵包很難……

　　麵包和甜點的製作都是從無形到有形，這種「無中生有」的地方雖然很相似，但是只有做麵包才能享受製作過程中運用酵母菌這種生物的樂趣。覺得做麵包好像很難嗎？其實，無論做的是何種麵包，製作過程幾乎都一樣，必須經歷揉麵、發酵、塑形、發酵、烘烤的步驟。剛開始或許還不熟悉，第二次之後就大概能記得下個步驟該做什麼了。

　　其實麵包是很有度量的。我的老師竹野豐子曾告訴我「只有三個失誤同時發生，麵包才會失敗」。比方說，唯有發酵過頭、忘了放鹽、烤箱溫度太低這三件事同時發生，麵包才會烤失敗。就算發酵過頭，忘了放鹽，只要烤箱溫度設定準確，還是勉強烤得出麵包。大家也可以用這種方式來判斷。就算烤出的麵包不成功，還是可以嘗試塗一點果醬，或將麵包壓扁做成披薩等等，運用巧思將失敗的麵包改造成美味的食物。請不要預設「非這樣不可」的立場，大剌剌地去做吧。

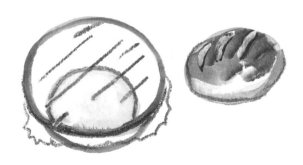

不確定時就去問麵包

提高做麵包技巧的秘訣

　　麵包教室一個月平均有兩百位學生，最常被問到的問題就是「揉麵時不知該如何控制力道」。每個人的手掌大小、體溫及揉麵時用的力氣都不一樣，我會建議大家先照食譜說的試做一遍，記住麵團的狀態。不同的揉麵方式雖會影響麵團變硬的速度，但出爐時的美味是不變的。不確定的時候，就去問麵包本身吧。有時會有人沮喪地說「我的麵團不行了」，這種時候只要多揉幾次麵，找出自己的揉麵節奏就好。不急不徐是最適合做麵包的態度。

　　此外，在家自己做麵包時，總容易感覺發酵時間太漫長，導致不知不覺縮短了發酵時間。其實，真要說的話，發酵時間太長比太短好。在等待發酵的這段時間，可以先去遛遛狗、做做家事或喝個茶，順其自然比較好。

一天一百個奶油捲麵包

即使每天烤一樣的麵包,也會有微妙的差異

　　在我成為麵包教室的講師前,竹野老師給了我一個課題:「每天做一百個奶油捲麵包」。要做一百個奶油捲麵包需要三公斤的高筋麵粉,加上奶油和砂糖、雞蛋等材料後,總共必須準備多達五公斤的材料。面對如此大量的材料,我像是個為了守備練習,一天擊出一千個飛球的棒球選手,每天持續做著一樣的麵包。即使如此,每天完成的奶油捲麵包都有微妙的差異。當持續做了一年的奶油捲麵包之後,我竟然就開了麵包教室。

　　製作奶油捲麵包,除了先將麵團揉成楔形後再用桿麵棍桿平的技術層面外,用的也是最基礎的材料組合,沒有任何多餘或不足。藉由這樣的經驗,我學會鍛鍊基本功的重要性,日後才能成為一位將製作麵包的樂趣傳授給學生的講師。在我的學生中,也有從我剛成為講師時的「奶油捲麵包教室」開始,一路跟著我學了八年麵包的人。

基礎工具（請參照P.20）

我幾乎不使用什麼特殊工具，
只要使用廚房現有的工具，
就能輕鬆享受做麵包的樂趣囉！

① 放涼架
② 布巾
③ 厚棉手套、
　 隔熱手套
④ 烤模
⑤ 塗油刷
⑥ 篩子
⑦ 噴霧器
⑧ 調理碗
⑨ 烘焙用帆布
⑩ 量杯、量匙
⑪ 烤紙
⑫ 切麵刀、刮刀
⑬ 電子秤
⑭ 桿麵棍
⑮ 烹飪用定時器
⑯ 尺
⑰ 剪刀、小刀

基礎材料（請參照P.22）

幾乎都是一般超市買得到的材料。
即使不使用特別的材料，
也能烤出美味的麵包。

① 高筋麵粉
② 蛋
③ 水
④ 奶油
⑤ 乾燥酵母粉
⑥ 鹽
⑦ 砂糖

基礎工具

⑥篩子
篩少量粉類時很方便，在麵團上撒粉時也可使用。

⑦噴霧器
用來噴濕麵團表面。加熱麵包前也可先用噴霧器噴點水。

②布巾
可蘸濕後蓋在麵團上防止乾燥，還可用來當發酵布。

⑤塗油刷
用來將蛋液或油脂塗在麵團上。請選用有柔軟刷毛的種類。

③厚棉手套、隔熱手套
用來拿取燙手的烤盤，或取出剛出爐的麵包。

⑬電子秤
測量材料用。選擇可量至1g單位的電子秤，使用起來較方便。

⑮烹飪用定時器
計算發酵時間時使用。不只麵包，做其它料理時也用得到。

①放涼架
用來放涼剛烤好的麵包。下面有腳架墊高，從下方也能散熱。

DULTON

MINUTE SECOND

DRETEC

入/切

0 表示

⑩**量杯、量匙**
1小匙為5ml，1大匙為15ml。
量杯可選用耐熱玻璃製品。

⑧**調理碗**
用來揉麵、發酵等等，備
齊大小不同的尺寸，使用
上更方便。

⑨**烘焙用帆布**
因帆布不容易沾粘麵
團，方便塑形與醒麵
時使用。

⑪**烤紙**
鋪在烤盤上或烤模中的紙
，用來防止麵團沾粘。製
作酥皮時也用得上。

⑭**桿麵棍**
用來桿平麵團。有
不鏽鋼製也有木製
品。

⑫**切麵刀、刮刀**
可用來攪拌、切分、聚攏
麵團，用途廣泛。

④**烤模**
將麵團放進去烤（本
書使用磅蛋糕烤模和
布丁杯烤模）。

⑯**尺**
用來測量麵團大小。
拿家中現有的尺就
可以了。

⑰**剪刀、小刀**
裁斷麵團或仕麵團上剪山開
口時使用，刀刃必須鋒利。

21

基礎材料

①高筋麵粉
加水揉和產生麩質
（gluten），構成麵
團的筋骨。

④奶油
本書中使用的是加鹽
奶油。奶油可增添麵團
風味與醇厚度，也能使
麵團延展力更好。

⑤乾燥酵母粉
以不需要預先發酵的
即溶乾燥酵母粉為主。

②蛋
使麵團膨軟，增添烤
好時的色澤與風味。

③水
使用攝氏30度左右的溫
水。加入麵粉混合，產生
麩質。

⑥鹽
食用細鹽。能收縮麵
團，控制酵母粉的發
酵狀況。

⑦砂糖
上白糖。為麵團增添甜味與烤後
的色澤。同時也是酵母發酵時的
養分來源。（譯註：「上白糖」為日
本特有糖品，若無法購得，在台
灣可用特級砂糖取代）

23

TABLE—ROLL

HARD—BREAD

四種基礎麵團

製作基本款麵包

捲麵包麵團
硬麵包麵團
小圓麵包麵團
布里歐麵團

捲麵包的基礎麵團
table roll

Ingredients List

材料（使用18x8.5cm磅蛋糕烤模1個）

高筋麵粉·········	150g	水·················	75g
砂糖···············	15g	即溶酵母·············	3g
鹽·················	2g		
蛋·················	20g		
奶油···············	20g		

1

將高筋麵粉、砂糖與鹽放入調理碗，輕輕攪拌混合後，在中央做出凹洞，打入一顆全蛋，再放上奶油。

2

將即溶酵母放入事先準備好的30度溫水，溶解後一次全部加入麵團中。

3

捏：充分揉和麵團直到捏起時沒有殘餘粉塊。

4

搓揉：麵團無殘餘粉塊
後，用雙手抓起麵團揉
捏，直到麵團不黏手。

5

壓揉：麵團不黏手後，
放回調理碗，繼續壓揉
直到麵團收縮，呈現光
滑緊實。

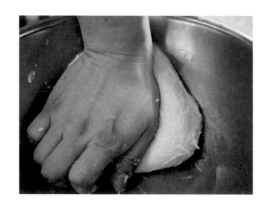

6

摔打：將光滑緊實的麵
團揉成圓盤狀，朝碗內
摔打。

7

搓揉：將麵團摔打至收縮不再延展後，先搓揉麵團使其鬆弛，再摔打麵團至再次收縮。

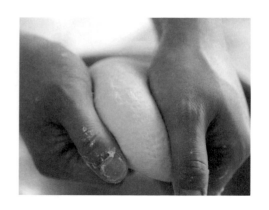

8

完成揉麵：當麵團表面如有一層膜般緊繃光滑時，就代表揉麵已完成。

9

第一次發酵：蓋上保鮮膜，用30度溫水隔水加熱60分鐘，進行第一次發酵。

10

戳洞測試：在麵團上撒
一點麵粉，再用沾了麵
粉的手指戳入10秒後緩
緩拔出。只要能在麵團
上留下手指大小的洞，
就代表發酵已完成。

11

從碗中取出麵團，拍出
多餘氣體，揉圓（如有
需要切分麵團，可在此
步驟進行，切分後再收
圓）。

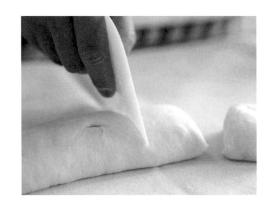

12

收圓麵團～醒麵時間：
拍出麵團中多餘氣體，
收圓後蓋上蘸濕的布巾
防止乾燥，放置15分鐘
醒麵。

13

塑形:用手心拍打麵團,使其延展為圓餅形。分別由上下往內折後再對折為海參狀,塗油後放入磅蛋糕烤模中。

14

第二次發酵:使用烤箱的發酵機能,溫度設定為攝氏40度,在底下的烤盤中放入70度熱水,放入烤箱40分鐘,進行第二次發酵。

15

完成烘烤:以預熱攝氏180度的烤箱烤16分鐘,從烤模中取出麵包,置於架上放涼。

硬麵包的基礎麵團
hard bread

Ingredients List

材料（使用18x8.5cm磅蛋糕烤模1個）

高筋麵粉	110g	鹽	3g
低筋麵粉	40g	水	95g
砂糖	5g	即溶酵母	3g

1

將低筋麵粉、高筋麵
粉、砂糖與鹽放入調理
碗,輕輕攪拌混合。

2

將即溶酵母放入事先準
備好的30度溫水,溶解
後一次全部加入麵團
中。

3

捏:充分揉和麵團直到
捏起時沒有殘餘粉塊。

4

搓揉：麵團無殘餘粉塊後，用雙手抓起麵團揉捏，直到麵團不黏手。

5

壓揉：麵團不黏手後，放回調理碗，繼續壓揉直到麵團產生光澤。

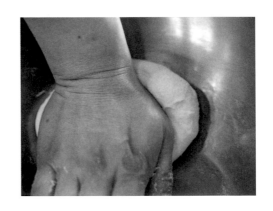

6

摔打：將光滑緊實的麵團揉成圓盤狀，朝碗內摔打。

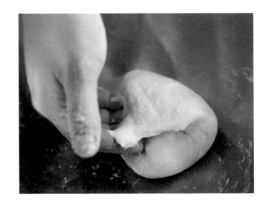

7

搓揉:將麵團摔打至收縮不再延展為止。

8

第一次發酵:蓋上保鮮膜,用30度溫水隔水加熱70分鐘,進行第一次發酵。

9

戳洞測試:在麵團上撒一點麵粉,再用沾了麵粉的手指戳入10秒後緩緩拔出。只要能在麵團上留下手指大小的洞,就代表發酵已完成。

10

收圓麵團：從碗中取出
麵團，拍出麵團中多餘
氣體（如有需要切分麵
團，可在此步驟進行，
切分後再收圓）。

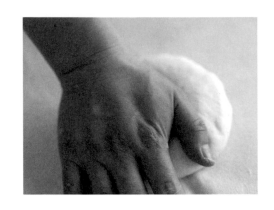

11

醒麵時間：拍出多餘氣
體的麵團收圓後，蓋上
蘸濕的布巾防止乾燥，
放置15分鐘醒麵。

12

塑形：用手心拍打麵
團，使其延展為圓餅
形。分別由上下往內折
後再對折為海參狀，塗
油後放入磅蛋糕烤模
中。

13

第二次發酵：使用烤箱的發酵機能，溫度設定為攝氏40度，在底下的烤盤中放入70度熱水，放入烤箱40分鐘，進行第二次發酵。

（基本硬麵包做法到此）

也可以這麼做

使用發酵布：將撒上麵粉的發酵布折成波浪狀，於凹處放上麵團，使用烤箱的發酵機能將溫度設定為攝氏30度，以此方法進行發酵。

14

完成烘烤：以預熱攝氏190度的烤箱烤15分鐘，從烤模中取出麵包，置於架上放涼。

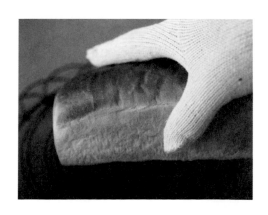

小圓麵包的基礎麵團
buns

Ingredients List

材料（使用18x8.5cm磅蛋糕烤模1個）

高筋麵粉·········	150g	奶油·················	12g
砂糖··············	12g	水··················	95g
鹽················	2g	即溶酵母··········	3g

1

將高筋麵粉、砂糖與鹽放入調理碗，稍微攪拌混合，再放上奶油。將即溶酵母放入事先準備好的30度溫水，溶解後一次全部加入麵團中。

2

捏：充分揉和麵團直到捏起時沒有殘餘粉塊。

3

搓揉：麵團無殘餘粉塊後，用雙手抓起麵團揉捏，直到麵團不黏手。

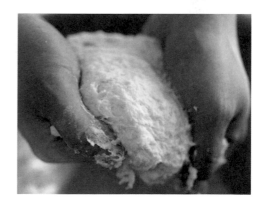

4

壓揉：麵團不再黏手
後，放回調理碗，繼續
壓揉直到麵團產生光
澤。

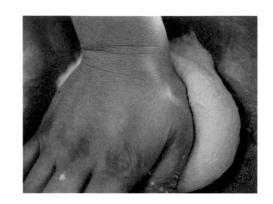

5

摔打：將光滑緊實的麵
團揉成圓盤狀，朝碗內
摔打。

6

搓揉：將麵團摔打至收
縮不再延展後，再搓揉
麵團使其鬆弛。

7

摔打：再次朝碗內摔打
麵團。

8

搓揉：將麵團摔打至收
縮不再延展後，搓揉麵
團使其鬆弛，再一次摔
打麵團使其收縮。

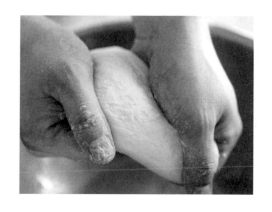

9

完成揉麵：當麵團表面
如有一層膜般緊繃光滑
時，就代表揉麵已完
成。

10

第一次發酵：蓋上保鮮膜，用30度溫水隔水加熱60分鐘，進行第一次發酵。

11

戳洞測試：在麵團上撒一點麵粉，再用沾了麵粉的手指戳入10秒後緩緩拔出。只要能在麵團上留下手指大小的洞，就代表發酵已完成。

12

收圓麵團～醒麵時間：從碗中取出麵團，拍掉多餘氣體，收圓後蓋上蘸濕的布巾防止乾燥，放置15分鐘醒麵。

13

塑形：用手心拍打麵團，使其延展為圓餅形。分別由上下往內折後再對折為海參狀，塗油後放入磅蛋糕烤模中。

14

第二次發酵：使用烤箱的發酵機能，溫度設定為攝氏40度，在底下的烤盤中放入70度熱水，放入烤箱40分鐘，進行第二次發酵。

15

完成烘烤：以預熱攝氏180度的烤箱烤16分鐘，從烤模中取出麵包，置於架上放涼。

布里歐的基礎麵團
brioche

Ingredients List

材料（使用18x8.5cm磅蛋糕烤模1個）

高筋麵粉	150g	全蛋	20g
砂糖	15g	奶油	40g
鹽	1g	水	60g
蛋黃	20g	即溶酵母	3g
（相當於1顆）			

1

將高筋麵粉、砂糖與鹽
放入調理碗，稍微攪拌
混合後，在中央做出凹
洞，打入一顆全蛋，將
即溶酵母放入事先準備
好的30度溫水，溶解後
一次全部加入麵團中。

2

捏～搓揉：充分揉和麵
團直到捏起時沒有殘餘
粉塊後，用雙手抓起麵
團揉捏，直到麵團不黏
手。

3

壓揉：麵團不再黏手
後，放回調理碗，壓揉
約20次。

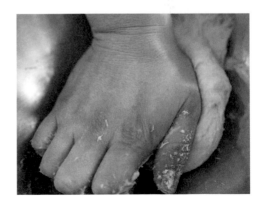

4

加入奶油：再次用雙手
抓起麵團，將奶油揉入
麵團中。

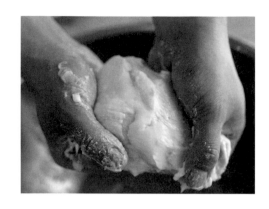

5

壓揉：奶油大致與麵團
揉和後，再次放回調理
碗，繼續壓揉直到麵團
產生光澤。

6

摔打：將光滑緊實的麵
團揉成圓盤狀，朝碗內
摔打。

7

搓揉：將麵團摔打至收
縮不再延展後，先搓揉
麵團使其鬆弛，再次朝
碗內摔打至麵團收縮。

8

完成揉麵：當麵團表面
如有一層膜般緊繃光滑
時，就代表揉麵已完
成。

9

第一次發酵：蓋上保鮮
膜，用30度溫水隔水加
熱70分鐘，進行第一次
發酵。

10

戳洞測試：在麵團上撒
一點麵粉，再用沾了麵
粉的手指戳入10秒後緩
緩拔出。只要能在麵團
上留下手指大小的洞，
就代表發酵已完成。

11

收圓麵團：從碗中取出
麵團，拍出麵團中多餘
氣體（如有需要切分麵
團，可在此步驟進行，
切分後再收圓）。

12

醒麵時間：拍出多餘氣
體的麵團收圓後，蓋上
蘸濕的布巾防止乾燥，
放置15分鐘醒麵。

13

塑形：用手心拍打麵團，使其延展為圓餅形。分別由上下往內折後再對折為海參狀，塗油後放入磅蛋糕烤模中。

14

第二次發酵：使用烤箱的發酵機能，溫度設定為攝氏40度，在底下的烤盤中放入70度熱水，放入烤箱40分鐘，進行第二次發酵。

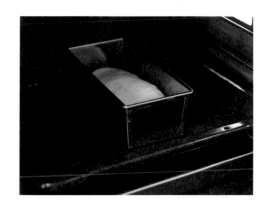

15

完成烘烤：以預熱攝氏180度的烤箱烤16分鐘，從烤模中取出麵包，置於架上放涼。

Idea technique of bread
如何保存麵包

烤好的麵包若無法於兩天內吃完，
可在完全放涼後，放入冰箱冷凍保存。
這時最重要的是注意不讓麵包沾染冰箱中的氣味，
同時必須保持麵包水分不流失。
食用時，先將冷凍保存的麵包自然解凍，
再用烤箱加熱。

①小型麵包可包上保鮮膜，再裝入密封夾鍊袋，放進冰箱冷凍保存。

②大型麵包可先切成方便食用的片狀，再包上保鮮膜，裝入密封夾鍊袋。

Idea technique of bread
如何重現麵包美味

讓隔夜麵包重現剛出爐般美味的方法，
稱為「oven fresh」。
這種方法對硬麵包特別有效。

①用噴霧器微微噴
濕麵包表面。

②放入攝氏200度
烤箱中烤5分鐘，或
是用小型烤箱烤3分
鐘。

Idea technique of bread
如何製作法式脆片

吃剩的麵包，不如把它做成美味的法式脆片吧。
反覆烤兩次，完成酥脆口感。
作法簡單，齒頰留香，最適合當點心。

Recipe ingredients
原味麵包…………適量
奶油……………適量
細砂糖…………適量

1 麵包切成1cm片狀後用150度烤15分鐘，烤乾水分。

2 塗上奶油，撒上細砂糖，再用150度烤10分鐘（視麵包大小調整時間）。

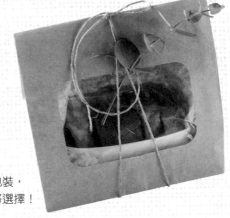

加上可愛的包裝，
就是送禮的好選擇！

早餐麵包

Chapter 1

Breakfast Bread

圓滾滾小麵包

table roll
捲麵包基礎麵團

Ingredients List

材料（6個份）

捲麵包麵團材料全部
（請參照P.26）

Preparation

按照製作基本款捲麵包方
式揉麵，第一次發酵結束
後，分成6等分，收圓麵
團靜置6分鐘醒麵。

1

完成醒麵後，重新將麵團揉圓（A）放在烤盤上。

2

結束30分鐘的第二次發酵（捲麵包麵團步驟14）後，以剪刀在麵團上斜剪出開口（B），放入預熱攝氏180度的烤箱烤13分鐘。

葡萄麵包

Ingredients List

材料（22x20cm烤模1個份）
捲麵包麵團材料全部
（請參照P.26）
葡萄乾…………… 60g

Point Memo

葡萄乾先泡水5分鐘後瀝乾水
分備用。

Preparation

按照製作基本款捲麵包方
式揉麵（在7的步驟中混
入葡萄乾），第一次發酵
結束後，從碗中取出麵團
收圓，靜置15分鐘醒麵。

1

用桿麵棍將結束醒麵的麵團桿成20x18cm長方形，放在烤盤上，用切麵刀分成12等分（A）。

2

結束30分鐘的第二次發酵（捲麵包麵團步驟14）後，放入預熱攝氏180度的烤箱烤14分鐘。

英式瑪芬

Ingredients List

材料（5個份）

小圓麵包麵團材料全部

（請參照P.38）

玉米粉……………適量

Preparation

按照製作基本款小圓麵包方式揉麵，第一次發酵結束後，將麵團切分為5等分，收圓並靜置7分鐘醒麵。

1

將結束第一次發酵的麵團再次揉圓，用桿麵棍輕輕桿平（A），用蘸濕的布巾溼潤麵團表面後，整體沾滿玉米粉（B）。

2

結束30分鐘的第二次發酵
（小圓麵包麵團步驟14）
後，用預熱攝氏170度的烤箱
烤2分鐘。從烤箱取出，翻面
（C）再烤8分鐘。

捲麵包

Ingredients List

材料（8個份）
捲麵包麵團材料全部
（請參照P.26）
蛋液…………適量

Preparation
按照製作基本款捲麵包方
式揉麵，第一次發酵結束
後，從碗中取出麵團收
圓，靜置15分鐘醒麵。

1

用桿麵棍將完成醒麵的麵團桿成直徑18cm圓形,以放射狀分成8等分(A)。將分割好的麵團稍微拉長,從寬的那一頭捲起(B)。

2

結束30分鐘的第二次發酵(捲麵包麵團步驟14)後,在麵團表面塗上蛋液,放入預熱攝氏180度的烤箱烤13分鐘。

蔬菜麵包

buns

小圓麵包基礎麵團

Ingredients List

材料（6個份）

小圓麵包麵團材料全部
（請參照P.38）

冷凍綜合蔬菜…… 50g

焗烤用起司……… 30g

Point Memo

先將綜合蔬菜解凍，擦
乾多餘水分。

Preparation

按照製作基本款小圓麵包
方式揉麵（在步驟6時將
綜合蔬菜混入麵團），第
一次發酵結束後，將麵團
切分為6等分，收圓並靜
置6分鐘醒麵。

1

將完成醒麵的麵團再次揉
圓，放在手上朝內側拉長為
卵形（A）。

2

結束30分鐘的第二次發酵
（小圓麵包麵團步驟14）
後，在每個麵團上放5g起司
（B），放入預熱攝氏180度的
烤箱烤13分鐘。

熱狗麵包

Ingredients List

材料（4個份）

小圓麵包麵團材料全部

（請參照P.38）

Preparation

按照製作基本款小圓麵包
方式揉麵，第一次發酵結
束後，將麵團切分為4等
分，收圓並靜置8分鐘醒
麵。

1

將結束醒麵的麵團放在手上
拍打成圓形。從內側向外
捲，捲好後捏起麵團收口
（A）。滾揉麵團使其拉長為
12cm，收口朝下放在烤盤
上。

2

結束30分鐘的第二次發酵
（小圓麵包麵團步驟14）
後，用小刀畫出一道開口
（B），放入預熱攝氏180度的
烤箱烤13分鐘。

軟法捲麵包

hard bread
硬麵包基礎麵團

Ingredients List

材料（4個份）

硬麵包麵團材料全部

（請參照P.32）

Preparation

按照製作基本款硬麵包方
式揉麵，第一次發酵結束
後，將麵團切分為4等
分，收圓並靜置8分鐘醒
麵。

1

將結束醒麵的麵團用手拍成
圓形，分別由上下往內折後
再對折為棒狀（P.190）。滾揉
麵團使其拉長為12cm（A），
再切出五道斜口（B）。

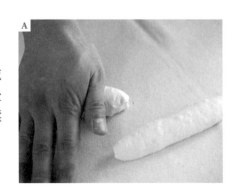

A

2

結束30分鐘的第二次發酵
（硬麵包麵團步驟13）後，
放入預熱攝氏190度的烤箱
烤13分鐘。

軟式圓麵包

小圓麵包基礎麵團

Ingredients List

材料（直徑16cm1個份）

小圓麵包麵團材料全部
（請參照P.38）

白芝麻…………適量

Preparation

按照製作基本款小圓麵包
方式揉麵，第一次發酵結
束後，從碗中取出麵團直
接收圓，靜置15分鐘醒
麵。

1

將完成醒麵的麵團再次揉圓
（A），用蘸濕的布巾溼潤麵
團表面後，整體沾滿白芝麻
（B），放在烤盤上。

2

結束30分鐘的第二次發酵
（小圓麵包麵團步驟14）
後，用小刀畫出十字開口
（C），放入預熱攝氏180度的
烤箱烤16分鐘。

核桃麵包

Ingredients List

材料（ 5 個份 ）

小圓麵包麵團材料全部

（請參照P.38）

核桃…………… 60g

Point Memo

核桃先用160度烤箱烤
10分鐘，預留5粒切成
1/2大小的核桃做裝
飾，其他的切碎。

Preparation

按照製作基本款小圓麵包方
式揉麵（在6的步驟中將核桃
碎片加入麵團），第一次發
酵結束後，切分成5等分，收
圓並靜置7分鐘醒麵。

1

將結束第一次發酵的麵團再次揉圓，用手輕輕按壓後，先用剪刀垂直剪出四個開口（A），接著再水平剪出四個開口（B），放在烤盤上。

2

結束30分鐘的第二次發酵（小圓麵包麵團步驟14）後，將裝飾用的核桃輕按進麵團（C），用預熱攝氏180度的烤箱烤15分鐘。

砂糖奶油麵包

Ingredients List

材料（5個份）

捲麵包麵團材料全部

（請參照P.26）

細砂糖……2又1/2小匙

奶油……………… 10g

Preparation

按照製作基本款捲麵包方式
揉麵，第一次發酵結束後，
分成5等分，收圓麵團靜置7
分鐘醒麵。

A

1

將完成醒麵的麵團用手拍打成圓形，從兩側向中央折起（A），再從折成的三角形頂點向下捲（B），捲好後仔細捏緊收口，放在烤盤上。

2

結束30分鐘的第二次發酵（捲麵包麵團步驟14）後，在麵團中央切出開口，放上1/2小匙細砂糖與2g奶油（C），以預熱為攝氏180度的烤箱烤13分鐘。

Column

歐洲的麵包

因愛上麵包而前往歐洲各國

一如日本人珍惜米飯,在歐美,因為麵包和基督教有著密不可分的關係,丟棄麵包會令人產生罪惡感。因此,若麵包變得乾硬了,人們會用來當成盛湯的容器,或是切碎加入沙拉裡。這種珍惜麵包的文化使我印象深刻。

說到好吃的麵包,就不可不提我在比利時吃到的一種雙胞胎麵包「pistolet」,雖然屬於當正餐吃的硬麵包,口感卻像麩菓子般外酥內軟!真想為了吃這個再去一次比利時。(譯註:麩菓子為日本傳統零食,作法多半為在乾燥的麩上加一層黑糖衣。)

最近造訪了丹麥,吃了有名的「外餡三明治」。一般說的外餡三明治,指的都是在麵包上放餡料的三明治,這次我吃到的卻不大一樣。作法是先將麵包放在盤子上,然後在上面疊放滿滿的餡料,多得看不到底下的麵包,只能用刀叉吃。我對外餡三明治的觀念就此改變。在這個什麼都可以上網查的時代,更希望自己凡事都能親身體驗。

野餐麵包

Chapter 2

Picnic bread

火腿捲麵包

Ingredients List

材料（5個份）

捲麵包麵團材料全部
（請參照P.26）

薄片火腿…………5 片

美乃滋……………適量

蛋液………………適量

Preparation

按照製作基本款捲麵包方式揉麵，第一次發酵結束後，分成5等分，收圓麵團靜置7分鐘醒麵。

1

用桿麵棍將麵團桿成直徑9cm的圓形，疊上火腿後從內側朝外捲（A），捲好後捏起麵團收口。將麵團對折，用小刀劃開一道切口（B），放在烤盤上。

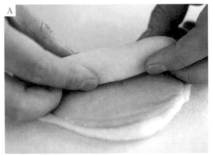

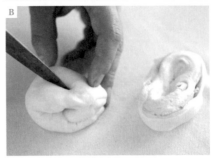

2

結束30分鐘的第二次發酵
（捲麵包麵團步驟14）
後，塗上蛋液，擠上美乃滋
（C），用預熱攝氏180度的
烤箱烤13分鐘。

玉米麵包

小圓麵包基礎麵團

Ingredients List

材料（12個份）

小圓麵包麵團材料全部

（請參照P.38）

玉米粒……………… 40g

玉米粉……………適量

Point Memo

玉米粒先瀝乾水分切碎備用。

Preparation

按照製作基本款小圓麵包方式揉麵（在6的步驟中將玉米粒加入麵團），第一次發酵結束後，從調理碗中取出麵團直接收圓，靜置15分鐘醒麵。

1

用桿麵棍將完成醒麵的麵團桿成20x12cm的長方形，桿平後切成12等分(A)。切面沾滿玉米粉(B)，放到烤盤上。

2

結束30分鐘的第二次發酵（小圓麵包麵團步驟14）後，以預熱攝氏180度的烤箱烤12分鐘。

貝果

Ingredients List

材料（3個份）

硬麵包麵團材料全部

（請參照P.32）

熱水………………適量

Preparation

按照製作基本款硬麵包方式
揉麵，第一次發酵結束後，
將麵團切分為3等分，收圓
並靜置10分鐘醒麵。

1

以滾揉方式將完成醒麵的麵
團拉長為25cm棒狀，壓扁其
中一端（A），用壓扁的一端
包起另一端，黏成一個環狀
（B），放在烤盤上。

2

蓋上乾布巾，於常溫中靜置
10分鐘後，上下兩面各用沸
騰的熱水燙15秒（C），再用
預熱攝氏190度的烤箱烤15
分鐘。

焗烤麵包

Ingredients List

材料（4個份）

捲麵包麵團材料全部

（請參照P.26）

焗烤餡料

罐頭白醬 ……	4大匙
鴻喜菇 …………	20g
培根 ……………	8g
焗烤用起司………	40g
西洋芹…………	適量
蛋液…………	適量

Preparation

按照製作基本款捲麵包方式
揉麵，第一次發酵結束後，
分成6等分，其中2份再分為
2等分，收圓麵團靜置6分鐘
醒麵。

1

將完成醒麵的麵團中，較大
的桿成直徑8cm圓餅形。較
小的以滾揉方式拉長為35cm
長條狀，先接起兩端成為圓
環，再扭轉為蝴蝶結形狀
（A）並拉開一些。疊起放
在圓餅形麵團上，輕輕按壓
之後，一起放在烤盤上。

2

結束30分鐘的第二次發酵（捲麵包麵團步驟14）後，用沾了麵粉的叉子在麵團上戳兩三次（B），塗上蛋液，放入焗烤餡料，疊上起司，以預熱攝氏180度的烤箱烤15分鐘。烤好再撒些西洋芹碎末。

佛卡斯

hard bread
硬麵包基礎麵團

Ingredients List
材料（26x18cm尺寸1個份）
硬麵包麵團材料全部

（請參照P.32）

黑橄欖（無籽）… 30g
橄欖油……………適量

Point Memo
黑橄欖預先切碎備用。

Preparation
按照製作基本款硬麵包方式
揉麵，第一次發酵結束後，
從調理碗中取出麵團，拍出
多餘氣體，直接收圓並靜置
15分鐘醒麵。

1

將完成醒麵的麵團桿成20cm
見方的正方形，放上黑橄欖
碎片後捲起（A）。收口朝上
輕壓，換個角度再捲（B）一
次，蓋上蘸濕的布巾，靜置
10分鐘。接著桿成25x18cm
橢圓形，用切麵刀切出三個
開口（C），放在烤盤上。

2

結束30分鐘的第二次發酵
（硬麵包麵團步驟13）後，
在表面塗上橄欖油，以預熱
攝氏190度的烤箱烤15分
鐘。

皮塔餅

Ingredients List

材料（5個份）

硬麵包麵團材料全部

（請參照P.32）

Point Memo

出爐後請趁熱放進塑膠袋保
濕。

Preparation

按照製作基本款硬麵包方式
揉麵，第一次發酵結束後，
將麵團分成5等分，收圓並
靜置7分鐘醒麵。

1

用桿麵棍將完成醒麵的麵團桿成10cm圓形（A）。

2

直接將麵團放入不加油的平底鍋，一面煎10秒後翻面，反覆數次，直到連邊緣都膨起為止（B）。

甜甜圈

buns
小圓麵包基礎麵團

Ingredients List

材料（6個份）

小圓麵包麵團材料全部

（請參照P.38）

油⋯⋯⋯⋯⋯⋯適量
甜甜圈用砂糖⋯⋯適量

Point Memo

甜甜圈用砂糖：以等量的上
白糖（可用特級砂糖取代）
與細砂糖混合而成。

Preparation

按照製作基本款小圓麵包方
式揉麵，第一次發酵結束
後，將麵團分成6等分，收
圓並靜置6分鐘醒麵。

1

以滾揉方式將完成醒麵的麵團拉長為20cm棒狀，壓扁其中一端，用壓扁的一端包起另一端，黏成一個環狀（A），放在烤盤上。蓋上乾布巾靜置於常溫中20分鐘。

2

用攝氏160度的熱油炸，一面炸2分鐘（B），稍微放涼即可撒上或沾滿甜甜圈砂糖（C）。

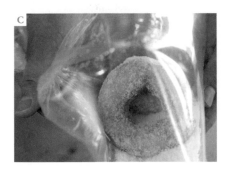

咖哩麵包

table roll
捲麵包基礎麵團

Ingredients List

材料（5個份）

捲麵包麵團材料全部

（請參照P.26）

咖哩餡料

　　咖哩醬調理包　　170g

　　低筋麵粉 ……… 15g

蛋液……………………適量

麵包粉…………………適量

油………………………適量

Point Memo
將咖哩醬與低筋麵粉混合均
勻，加熱凝固後放涼備用。

Preparation
按照製作基本款捲麵包方式
揉麵，第一次發酵結束後，
分成5等分，收圓麵團靜置7
分鐘醒麵。

1

用桿麵棍將完成醒麵的麵團
桿成12x5cm的橢圓形，切成
5等分，分別包入咖哩餡，
捏緊收口（A）。收口朝下，
將麵團壓平（B）。拉長兩
端，成為常見的咖哩麵包形
狀，表面塗上蛋液，沾滿麵
包粉，放在烤盤上。

2

用乾布巾蓋住麵團，靜置於
常溫中15分鐘，用叉子在有
收口那面戳3個地方（C），
以160度的熱油炸，每一面
各炸2分鐘。

起司布里歐

brioche
布里歐基礎麵團

Ingredients List

材料（5個份）

布里歐麵團材料全部
（請參照P.44）
焗烤用起司⋯⋯⋯⋯ 50g
蛋液⋯⋯⋯⋯⋯⋯⋯適量

Preparation

按照製作基本款布里歐方式
揉麵，第一次發酵結束後，
將麵團分成5等分，收圓並
靜置7分鐘醒麵。

1

用手拍打完成醒麵的麵團，
拍成圓餅狀後，捲入10g起
司（A），滾揉麵團，使其拉
長為22cm長條狀。打一個平
結（B），放在烤盤上。

2

結束30分鐘的第二次發酵
（布里歐麵團步驟14）後，
在表面塗上蛋液，以預熱攝
氏180度的烤箱烤13分鐘。

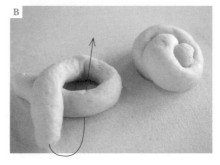

柳橙布里歐

Ingredients List

材料（使用直徑7.5cm的布丁杯烤模5個）

布里歐麵團材料全部

（請參照P.44）

橙皮末⋯⋯⋯⋯⋯ 50g

白巧克力⋯⋯⋯⋯ 50g

蛋液⋯⋯⋯⋯⋯⋯適量

Preparation

按照製作基本款布里歐方式揉麵（在第7個步驟中加入橙皮末攪拌混合），第一次發酵結束後，將麵團分成5等分，收圓並靜置7分鐘醒麵。

Point Memo

事先將柳橙的皮切碎，製成橙皮末備用。

1

用手拍打完成醒麵的麵團，
拍成圓餅狀後，包起10g的
白巧克力（A）放入內側塗
過油的布丁杯烤模（B），
放在烤盤上。

2

結束30分鐘的第二次發酵
（布里歐麵團步驟14）後，
在表面塗上蛋液，以預熱攝
氏180度的烤箱烤13分鐘。

在歐洲學做的麵包

Part 1

　　為了學做美味的法國麵包，我前往法國鄉下一個叫做歐里亞克（Aurillac）的地方。我還記得在麵包學校裡做一整天的麵包，連自己身上都開始散發酵母香時，心中所感受到的那份喜悅。從此之後，我前往各個國家，學習當地的麵包，無論到哪個國家、哪個地方，不變的是大家都是開心地烤麵包。因為麵包這個共通的語言，讓每個國家的人都綻放笑容。

France
法國

工藝麵包_____ Artisan bread

Artisan bread直譯就是工藝麵包。這是在對大量生產的麵包感到厭倦時，於美國開始流行的詞彙。我在法國的麵包學校學習的，就是工藝麵包。這是一種使用傳統酵母種，花長時間慢慢發酵，細心做出來的麵包。

France

法國

佛卡斯 _____ Fougasse

造訪尼斯時，旅店老闆娘教我做這種南法傳統麵包。我們將橄欖
或糖漬水果捲進麵團內，做成葉子造型的麵包。市面上可買到鹽
味的佛卡斯，也有聖誕節時吃的甜口味。

France

法國

維也納麵包 _____ Viennoiseries

Viennoiseries在法文裡的意思是「維也納風格的～」。這是一種毫不吝惜使用大量蛋與奶油的豪華麵包。在法國第一次吃到這種麵包時，我嚐到了不同於日本丹麥麵包的纖細滋味，為之驚喜不已。

在歐洲學做的麵包　Part1

從左至右分別是工藝麵包、維也納麵包、佛卡斯。

宴客麵包

Chapter 3

Entertainment bread

巧克力布里歐

Ingredients List

材料（5個份）

布里歐麵團材料全部
（請參照P.44）
巧克力碎片⋯⋯⋯ 50g
蛋液⋯⋯⋯⋯⋯⋯⋯適量

Preparation

按照製作基本款布里歐方式
揉麵，第一次發酵結束後，
將麵團分成5等分，收圓並
靜置7分鐘醒麵。

1

用手拍打完成醒麵的麵團，
拍成圓餅狀後，放上10g的
巧克力碎片，滾揉麵團，使
其拉長為38cm長條。將拉長
的麵團打一個平結再連接起
兩端，做成花朵形（A），
放在烤盤上。

A

2

結束30分鐘的第二次發酵
（布里歐麵團步驟14）後，
表面塗上蛋液，以預熱攝氏
180度的烤箱烤13分鐘。

肉桂捲

Ingredients List

材料（2個份）

捲麵包麵團材料全部

（請參照P.26）

橘子果醬……　1.5大匙

肉桂糖粉……　1.5大匙

糖霜………………適量

蛋液………………適量

Point Memo

糖霜：用10：1的糖粉與水
混合製成。

Preparation

按照製作基本款捲麵包方式
揉麵，第一次發酵結束後，
拍出多餘氣體，直接將麵團
收圓並靜置15分鐘醒麵。

1

完成醒麵的麵團桿成20x
15cm的長方形，塗上橘子果
醬，撒上肉桂糖粉後，從內
側向外捲（A），捏緊麵團
收口。將麵團切成2等分，
各自用刀劃開兩道開口（B
），拉開麵團，朝反方向黏
合（C），放在烤盤上。

2

結束30分鐘的第二次發酵
（捲麵包麵團步驟14）後，
表面塗上蛋液，放入預熱攝
氏180度的烤箱烤14分鐘。

起司法國麵包

hard bread
硬麵包基礎麵團

Ingredients List

材料（6個份）

硬麵包麵團材料全部
（請參照P.32）

起司⋯⋯⋯⋯⋯⋯ 60g

Preparation

按照製作基本款硬麵包方式
揉麵，第一次發酵結束後，
將麵團切分為6等分，收圓
並靜置6分鐘醒麵。

1

將結束醒麵的麵團用手拍成圓形，包進10g的起司（A）。

2

用發酵布（硬麵包麵團步驟13）完成30分鐘的發酵後，放在烤盤上，以剪刀在麵團上剪出十字開口（B）。用噴霧器噴點水，放入預熱攝氏190度的烤箱烤15分鐘。

紅豆麵包

table roll
捲麵包基礎麵團

Ingredients List

材料（4個份）

捲麵包麵團材料全部
（請參照P.26）
紅豆餡（含顆粒）200g
蛋液……………適量
黑芝麻…………適量

Preparation

按照製作基本款捲麵包方式
揉麵，第一次發酵結束後，
將麵團切分成4等分，收圓
並靜置8分鐘醒麵。

1

用桿麵棍將完成醒麵的麵團
桿成直徑10cm的圓形，從邊
緣捏起麵皮，將50g紅豆餡
包進去（A）。放在烤盤上，
用手輕輕按壓。

2

結束30分鐘的第二次發酵
（捲麵包麵團步驟14）後，
用手指在表面中央塗上蛋
液，沾上黑芝麻（B），放入
預熱攝氏180度的烤箱烤14
分鐘。

砂糖麵包

Ingredients List

材料（3個份）

布里歐麵團材料全部

（請參照P.44）

細砂糖……1又1/2大匙

融解的奶油………適量

Preparation

按照製作基本款布里歐方式
揉麵，第一次發酵結束後，
將麵團分成3等分，收圓並
靜置10分鐘醒麵。

1

用桿麵棍將完成醒麵的麵團桿成20x15cm的橢圓形，用切麵刀在中央切出一道開口，將開口稍微拉大（A）後，放在烤盤上。

2

結束30分鐘的第二次發酵（布里歐麵團步驟14）後，先於表面塗上融化的奶油，再分別撒上1/2大匙細砂糖（B），以預熱攝氏180度的烤箱烤15分鐘。

葡式皇室麵包

brioche
布里歐基礎麵團

Ingredients List

材料（4個份）

布里歐麵團材料全部

（請參照P.44）

混入麵團的配料

    葡萄乾 ………… 30g

    橙皮末 ………… 30g

    核桃 …………… 30g

點綴表面的配料

    糖漬櫻桃（紅、綠）各4顆

    橙皮末 … 1/2片橙皮

砂糖………………適量

蛋液………………適量

Preparation

按照製作基本款布里歐方式
揉麵（在第7個步驟時，加
入葡萄乾等混入麵團的配
料），第一次發酵結束後，
將麵團分成4等分，收圓並
靜置10分鐘醒麵。

1

將完成醒麵的麵團再次揉
圓，用桿麵棍桿成8cm左右
的圓餅狀，上面鋪上保鮮
膜，手肘放在中央處轉動按
壓，壓出一個洞（A），放在
烤盤上。

Point Memo

。葡萄乾先泡水5分鐘，瀝
乾水分備用。

。核桃用160度烤箱烤過10
分鐘後切碎。

。混入麵團用的橙皮末不需
切得太細碎。

。糖漬櫻桃對半切。

。用來點綴表面的橙皮末切
成16小條（柱狀）備用。

。食譜中的砂糖是以等量的
細砂糖與上白糖混合製
成。

A

2

結束30分鐘的第二次發酵
（布里歐麵團步驟14）後，
在表面塗上蛋液，將點綴用
的配料放上，再撒上大量砂
糖（B），以預熱攝氏180度
的烤箱烤15分鐘。

披薩

hard bread

硬麵包基礎麵團

Ingredients List

材料（1片份）

硬麵包麵團材料全部

（請參照P.32）

橄欖油⋯⋯⋯⋯⋯ 15g

披薩醬料⋯⋯⋯ 2大匙

配料

　番茄　65g（1小顆）

　香腸 ⋯ 50g（2條）

　蛋 ⋯⋯⋯⋯⋯ 1顆

　莫札瑞拉起司 ⋯ 50g

　焗烤用起司 ⋯⋯ 40g

沙拉菜⋯⋯⋯⋯⋯ 8g

Point Momo

。番茄切成6片備用。

。香腸切成1cm薄片備用。

Preparation

按照製作基本款硬麵包方式
揉麵（一開始就加入橄欖油
一起揉），第一次發酵結束
後，從調理碗中取出麵團，
拍出多餘氣體後直接收圓，
靜置15分鐘醒麵。

1

用桿麵棍將結束醒麵的麵團桿成25x20cm橢圓形，放在烤盤上。先在麵皮上塗一層披薩醬料，再鋪上番茄片、香腸片，將蛋打上去並放上起司（A）。

2

用預熱為攝氏210度的烤箱烤10分鐘後取出，裝在盤子上，以沙拉菜做裝飾。

迷迭香麵包

table roll
捲麵包基礎麵團

Ingredients List

材料（2個份）

捲麵包麵團材料全部

（請參照P.26）

迷迭香……………　3g

高筋麵粉…………適量

Point Momo

迷迭香切碎備用。

Preparation

按照製作基本款捲麵包方式
揉麵（在第7個步驟時將切
碎的迷迭香加入麵團一起
揉），第一次發酵結束後，
將麵團切分成2等分，收圓
並靜置13分鐘醒麵。

1

用桿麵棍將完成醒麵的麵團桿成15x12cm的長方形後，塑為長條枕形（P.194），放在烤盤上。

2

結束30分鐘的第二次發酵（捲麵包麵團步驟14）後，撒上麵粉，再用小刀在表面劃出三道開口（A），以預熱攝氏180度的烤箱烤15分鐘。

家常菜麵包

buns
小圓麵包基礎麵團

Ingredients List

材料（20x16cm尺寸1個）

小圓麵包麵團材料全部

（請參照P.38）

家常菜（例如：醬煮鹿尾菜）

……………………適量

蛋液………………適量

Point Momo

在麵團上預留1cm寬外框，
家常菜的份量只需填滿框內
即可。

Preparation

按照製作基本款小圓麵包方式揉麵,第一次發酵結束後,以2：1的比例切分麵團,較大的麵團直接收圓,較小的麵團切成6等分再收圓,靜置10分鐘醒麵。

1

用桿麵棍將完成醒麵的較大麵團桿成17x15cm的長方形,較小的麵團滾揉為18cm的長條狀。在長方形麵團外側空出1cm外框,內側鋪滿醬煮鹿尾菜,用6條長條狀麵團在其上方疊成格子狀(A),用沾過麵粉的叉子按壓長條狀麵團兩端,與長方形麵團接合(B)。

2

結束30分鐘的第二次發酵(小圓麵包麵團步驟14)後,表面塗上蛋液,以預熱攝氏180度的烤箱烤16分鐘。

在歐洲學做的麵包

Part 2

　　為了接觸道地的歐式麵包，我前往歐洲各個國家，在當地學習麵包的作法。不只去上麵包學校，也曾造訪當地麵包店，請麵包師父教我做麵包。充滿好奇心的我，在狹小的麵包工房內東摸摸、西看看，還以為會被對方厭惡，沒想到根本不用擔心！常聽人說，麵包師父的人品也是技術的一部分。人格好的麵包師父，就烤得出美味出色的麵包。

Austria

奧地利

加入生紅蘿蔔的麵包 ____ Carrot Bread

這是發生在奧地利某個麵包工房的事。當我看到麵包師父將生的紅蘿蔔絲放入調和麵團的大碗中時,真是嚇了一大跳。生的紅蘿蔔絲呢!沒想到,加入適度黑麥麵粉的麵團,和紅蘿蔔的甜味非常地搭,完成了美味的麵包。

Denmark

丹麥

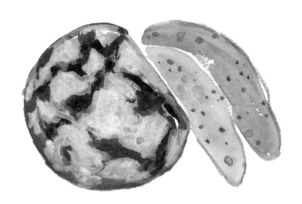

黑麥麵包_____Rye bread

我在以丹麥麵包聞名的丹麥學到的，卻是黑麥麵包。近年來流行
健康取向的飲食，比起高卡路里的丹麥麵包，使用黑麥麵粉，對
健康有益的黑麥麵包更受歡迎。黑麥麵粉的比例愈高，完成的麵
包愈有份量。

Italy

義大利

聖誕水果麵包_____Panettone

Panettone就是有名的義大利聖誕麵包。表面是一層用帶有杏仁
風味的蒸餾酒Amaretto和蛋白、可可亞做成的糖衣。我在米蘭
的麵包學校學會了這種麵包的作法。

在歐洲學做的麵包　Part2

從左至右分別是黑麥麵包、生紅蘿蔔麵包、聖誕水果麵包。

晚餐麵包

Chapter 4

Dinner bread

核桃無花果麵包

Ingredients List

材料（2個份）

硬麵包麵團材料全部

（請參照P.32）

核桃⋯⋯⋯⋯⋯⋯⋯ 50g

白無花果乾（半濕半乾型）

⋯⋯⋯⋯⋯⋯⋯⋯⋯ 45g

高筋麵粉⋯⋯⋯⋯適量

Point Memo

。核桃先用160度烤箱烤過
  再切碎備用。

。白無花果乾切碎備用。

Preparation

按照製作基本款硬麵包方式
揉麵（在第6個步驟加入核
桃與無花果乾），第一次發
酵結束後，將麵團切分為2
等分，收圓並靜置13分鐘醒
麵。

1

將結束醒麵的麵團用手拍成
橢圓形，分別由上下往內折
後再對折，捏緊麵團收口。
用手輕輕滾揉麵團使成海參
形（A）。

A

2

以發酵布（硬麵包麵團步驟
13）發酵40分鐘後，放在烤
盤上，撒上麵粉，用小刀在
表面劃出4道開口（B）。噴
一點水再放入預熱為攝氏
190度的烤箱烤18分鐘。

分割麵包

buns

小圓麵包基礎麵團

Ingredients List

材料（直徑17cm1個份）

小圓麵包麵團材料全部

（請參照P.38）

高筋麵粉…………適量

Point Memo

作法

按照製作基本款小圓麵包方
式揉麵，第一次發酵結束
後，拍出麵團多餘氣體，收
圓後靜置15分鐘醒麵。

1

將結束醒麵的麵團再次揉圓，用桿麵棍桿成直徑14cm圓形，以放射狀切成6等分（A），以每一份間隔1cm的方式放在烤盤上。

A

2

結束30分鐘的第二次發酵（小圓麵包麵團步驟14）後，表面撒上麵粉，用預熱攝氏180度的烤箱烤15分鐘。

鄉村麵包

hard bread
硬麵包基礎麵團

Ingredients List

材料（直徑16cm1個份）
硬麵包麵團材料全部
（請參照P.32）
高筋麵粉…………適量

Preparation
按照製作基本款硬麵包方式
揉麵，第一次發酵結束後，
從調理碗中取出麵團，拍出
多餘氣體後收圓，靜置15分
鐘醒麵。

1

將結束醒麵的麵團再度揉圓，用蘸濕的布巾溼潤全體麵團，撒上麵粉(A)。

2

以發酵布（硬麵包麵團步驟13）發酵40分鐘後(B)，放在烤盤上，用小刀在表面劃出4道開口(C)。噴一點水再放入預熱為攝氏190度的烤箱烤18分鐘。

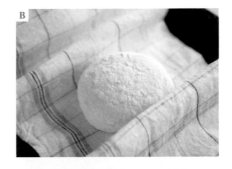

佛卡夏

Ingredients List

材料（22x17cm尺寸1個份）

硬麵包麵團材料全部
（請參照P.32）

橄欖油…………… 20g

橄欖油（最後完成時使用）

…………………適量

黑橄欖（無籽）… 5顆

岩鹽………………適量

Preparation

按照製作基本款硬麵包方式揉麵（從一開始就加入橄欖油一起揉），第一次發酵結束後，從調理碗中取出麵團，拍出多餘氣體後收圓，靜置15分鐘醒麵。

※剛開始揉麵時可能會有些黏膩，只要徹底揉勻就不會再黏手了。

1

用桿麵棍將結束醒麵的麵團桿成20x15cm的橢圓形，放在烤盤上。

2

結束30分鐘的第二次發酵（硬麵包麵團步驟13）後，表面塗上橄欖油，用手指在麵團上戳洞（A），洞內放入黑橄欖並撒上岩鹽（B）。放入預熱攝氏190度的烤箱烤16分鐘。

芝麻麵包

buns
小圓麵包基礎麵團

Ingredients List

材料（長18x8.5cm磅蛋糕烤模1個份）

小圓麵包麵團材料全部

（請參照P.38）

焙煎黑芝麻········ 10g

焙煎白芝麻········適量

Preparation

按照製作基本款小圓麵包方式揉麵（在第6個步驟將黑芝麻混入麵團），第一次發酵結束後，將麵團分成2等分，收圓後靜置13分鐘醒麵。

1

將結束醒麵的麵團用桿麵棍桿成直徑16x12cm的長方形，塑為長條枕形(P.194)。用蘸濕的布巾溼潤麵團，全體沾滿白芝麻(A)，將2條麵團一起放入內側已塗好油的烤模中(B)再放到烤盤上。

A

2

結束40分鐘的第二次發酵（小圓麵包麵團步驟14）後，用預熱攝氏180度的烤箱烤15分鐘。

B

馬鈴薯麵包

table roll
捲麵包基礎麵團

Ingredients List

材料（直徑17cm1個份）
捲麵包麵團材料全部
（請參照P.26）
馬鈴薯‥‥‥‥‥‥ 50g

Point Memo
水煮馬鈴薯至柔軟後壓碎
備用。

Preparation

按照製作基本款捲麵包方式揉麵（在第7個步驟中將馬鈴薯混入麵團），第一次發酵結束後，從調理碗中取出麵團，拍出多餘氣體，直接收圓並靜置15分鐘醒麵。

1

完成醒麵後，將麵團揉成一端較尖細的50cm長條（A），將粗的那一端盤成螺旋狀，再將麵團放在烤盤上。

2

結束30分鐘的第二次發酵（捲麵包麵團步驟14）後，放入預熱攝氏180度的烤箱烤15分鐘。

橄欖麵包

Ingredients List

材料（4個份）

硬麵包麵團材料全部
（請參照P.32）

黑橄欖（無籽）　30顆

高筋麵粉…………適量

Point Memo

黑橄欖切碎備用。

Preparation

按照製作基本款硬麵包方式
揉麵（在步驟6時將黑橄欖加
入麵團），第一次發酵結束
後，將麵團切分為4等分，收
圓並靜置8分鐘醒麵。

OLIVE BREAD

OLIVE BRE

1

將結束醒麵的麵團再次揉圓，用蘸濕的布巾溼潤麵團表面，再沾滿麵粉（A），用小刀切出葉脈狀開口（B），放在烤盤上。

2

結束50分鐘的第二次發酵（硬麵包麵團步驟13）後（由於不需要濕度，發酵時不需放入裝熱水的淺盤），以預熱攝氏190度的烤箱烤15分鐘。

豆子麵包

Ingredients List

材料（10個份）

小圓麵包麵團材料全部
（請參照P.38）
綜合豆類（罐頭） 60g

Point Memo

將豆類從罐頭中取出，瀝
乾水分備用。

Preparation

按照製作基本款小圓麵包方
式揉麵（在第6個步驟將綜合
豆類混入麵團），第一次發
酵結束後，將麵團分成10等
分，收圓並靜置5分鐘醒麵。

1

將結束醒麵的麵團再次揉
圓，用手壓平（A），放在烤
盤上。

2

結束30分鐘的第二次發酵（小圓麵包麵團步驟14）後，以沾過麵粉的叉子在麵團上戳3次（B），放入預熱攝氏180度的烤箱烤13分鐘。

充滿歐洲回憶的小東西

艾菲爾鐵塔與舊書

只要一看到舊書店，我就會忍不住進去瞧瞧。因為喜歡封面的氛圍而從葡萄牙帶回的舊書，內頁各處夾了不少壓花。原本的主人是抱持著什麼樣的心情夾進這些壓花的呢……我任憑想像力天馬行空地奔馳。

艾菲爾鐵塔的擺飾則是很典型的紀念品，也是我初次造訪巴黎時，買給自己的小禮物。

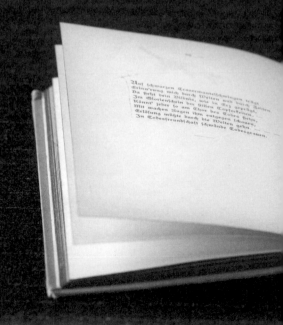

BRUKA DESIGN

香料研磨钵、咖啡歐蕾碗、圍裙

在安特衛普（Antwerp）一家漂亮的雜貨店裡買到的香料研磨钵，已經用了七年，散發美麗的光澤。另外，在葡萄牙的露天市集尋找烹飪用具時，帶回了直接用報紙包著的咖啡歐蕾碗。圍裙則是造訪丹麥時，在飯店對面的店裡買的，因為捨不得用，到現在連一次都沒穿過。

有柄水壺

這是我的收藏品。旅行時我總會買回各種有柄水壺或牛奶壺。其中特別喜歡繪有小鳥圖案的這個壺。這是藝術家的手繪作品，獨一無二，購於葡萄牙城附近。每次看到這個小鳥壺，一股悠閒的心情就會油然而生，也曾用它來裝紅酒。我還會繼續買下去，讓收藏更豐富。

點心麵包

Chapter 5

Side dish bread

義式麵包棒

hard bread
硬麵包基礎麵團

Ingredients List

材料（12個份）

硬麵包麵團材料全部

（請參照P.32）

起司粉……………適量

乾燥羅勒…………適量

Preparation

按照製作基本款硬麵包方式
揉麵，第一次發酵結束後，
從調理碗中取出麵團，拍掉
多餘氣體，直接收圓並靜置
15分鐘醒麵。

1

用桿麵棍將結束醒麵的麵團
桿成20x15cm的長方形，沿
短邊切成12條(A)。每一條
都拉長兩端，使其等同於烤
盤長邊的長度(B)。將12條
麵團等距放在烤盤上。

2

結束15分鐘的第二次發酵
（硬麵包麵團步驟13）後，
撒上起司粉與乾燥羅勒
（C），以預熱為攝氏180度
的烤箱烤15分鐘後，將溫度
調降為120度，繼續烤20分
鐘（若麵包棒口感還不夠香
酥，也可以延長時間繼續
烤）。

明太子法國麵包

Ingredients List

材料（4個份）

硬麵包麵團材料全部

（請參照P.32）

明太子…………　100g

美乃滋……………適量

Preparation

按照製作基本款硬麵包方式
揉麵，第一次發酵結束後，
將麵團分成4等分，收圓並
靜置8分鐘醒麵。

Point Memo

先將明太子加熱撥鬆，分成
4等分備用。

1

用桿麵棍將結束醒麵的麵團
分別桿成10x8cm的長方形，
放上分成4等分的明太子，
塑為長條枕形(P.194)（A）。

2

使用發酵布發酵（硬麵包麵
團步驟13）40分鐘，以小刀
切出一條開口，擠進美乃滋
（B），以預熱為攝氏190度
的烤箱烤15分鐘。

麥穗麵包

hard bread
硬麵包基礎麵團

Ingredients List

材料（3個份）
硬麵包麵團材料全部
（請參照P.32）

Preparation
按照基本款硬麵包方式揉
麵，第一次發酵結束後，將
麵團分成3等分，收圓並靜
置10分鐘醒麵。

1

用桿麵棍將結束醒麵的麵團
桿成15x10cm的長方形，緊
緊捲起塑為長條形（P.194）
後，用手滾揉麵團，使其延
伸為18cm長條狀（A）。

2

使用發酵布發酵（硬麵包麵團步驟13）40分鐘，將麵團放在烤盤上，從左右兩邊以剪刀深入剪出斜口（B）。表面噴些水，以預熱為攝氏190度的烤箱烤15分鐘。

印第安卡門貝爾 起司麵包

Ingredients List

材料（5個份）

小圓麵包麵團材料全部
（請參照P.38）

卡門貝爾起司…… 50g

咖哩粉…………適量

Preparation

按照製作基本款小圓麵包方式揉麵，第一次發酵結束後，將麵團分成5等分，收圓並靜置7分鐘醒麵。

1

用桿麵棍將結束醒麵的麵團桿成直徑8cm的圓形，將切面處沾滿咖哩粉的起司放在麵團上（A）。將放有起司的麵團從左右兩端折成三角形，再由三角形頂端捲為長條橢圓形（B），放在烤盤上。

2

結束30分鐘的第二次發酵（小圓麵包麵團步驟14）後，用小刀劃開一道切口（C），放入預熱攝氏180度的烤箱烤15分鐘。

鯷魚番茄麵包

table roll

捲麵包基礎麵團

Ingredients List

材料（5個份）

捲麵包麵團材料全部

（請參照P.26）

番茄乾⋯⋯⋯⋯⋯ 15g

鯷魚⋯⋯⋯⋯⋯⋯ 5g

Point Memo

◦ 用熱水泡開番茄乾，瀝乾
  水分切成5mm寬備用。

◦ 鯷魚切碎備用。

Preparation

按照製作基本款捲麵包方式揉麵（在第7個步驟將番茄乾和鯷魚加入麵團），第一次發酵結束後，分成5等分並收圓，靜置7分鐘醒麵。

1

將完成醒麵的麵團揉成30cm的長條狀（P.190），對折後，抓住一端扭轉3次（A），再從形成的圓圈中穿過（B），放在烤盤上。

2

結束30分鐘的第二次發酵（捲麵包麵團步驟14）後，以預熱攝氏180度的烤箱烤15分鐘。

番紅花軟麵包

Ingredients List

材料（4個份）

布里歐麵團材料全部

（請參照P.44）

番紅花……………一撮

岩鹽………………適量

蛋液………………適量

Preparation

按照製作基本款布里歐方式
揉麵（在第1個步驟就將番紅
花磨成粉加入），第一次發
酵結束後，將麵團分成12等
分，收圓並靜置5分鐘醒麵。

Point Memo

番紅花事先噴水使其軟化。

1

將完成醒麵的麵團揉圓，每3個一組放在烤盤上。

2

結束30分鐘的第二次發酵（布里歐麵團步驟14）後，在表面塗上蛋液，撒上岩鹽，以預熱攝氏180度的烤箱烤15分鐘。

培根布里歐

brioche
布里歐基礎麵團

Ingredients List

材料（5個份）

布里歐麵團材料全部
（請參照P.44）

培根……25g

乾燥西洋芹…… 1小匙

蛋液………………適量

Preparation

按照製作基本款布里歐方式
揉麵（在第7個步驟將培根與
西洋芹加入麵團），第一次
發酵結束後，將麵團分成5等
分，收圓並靜置7分鐘醒麵。

Point Memo

培根切為5mm大小，用平底
鍋炒過後，以餐巾紙吸除多
餘油脂備用。

1

將完成醒麵的麵團滾揉為
16cm的長條狀（P.190），
放在烤盤上。

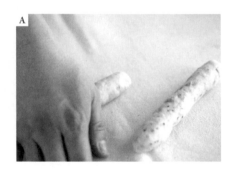

A

2

結束30分鐘的第二次發酵
（布里歐麵團步驟14）後，
在表面塗上蛋液，以預熱攝
氏180度的烤箱烤15分鐘。

高手篇

可頌

Chapter 6

Special bread

Croissant

基本款可頌
Croissant

Ingredients List
材料（6個份）

高筋麵粉·········	100g	水·····················	55g
砂糖·················	5g	乾燥酵母粉·········	3g
鹽·················	1g	酥皮奶油···········	40g
蛋·················	5g	蛋液··············適宜	
奶油·················	5g		

酥皮奶油的作法

1

將奶油包在10x10cm的
烤盤紙中，用桿麵棍桿
平放進冰箱冷藏備用。

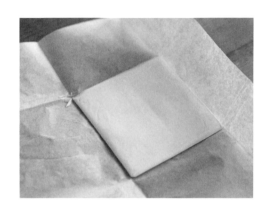

2

揉進麵團前再用桿麵棍
桿一次，使其成為「冰
涼但柔軟」的狀態。

可頌的作法
從下一頁開始

1

在調理碗中放入高筋麵
粉、砂糖、鹽，輕輕攪
拌融合，蛋打散並加入
麵團中央凹陷處，放上
奶油。

2

將即溶酵母放入事先準
備好的30度溫水，溶解
後一次全部加入麵團
中。

3

捏：充分揉和麵團直到
捏起時沒有殘餘粉塊。

4

搓揉：麵團沒有殘餘粉
塊後，用雙手抓起麵團
揉捏，直到麵團不再黏
手。

5

壓揉：麵團不黏手後，
放回調理碗，繼續壓揉
直到麵團收縮，呈光滑
緊實。

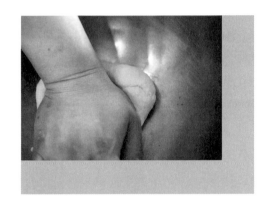

6

摔打：將光滑緊實的麵
團揉成圓盤狀，朝碗內
摔打。

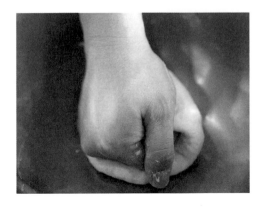

7

當麵團表面如有一層膜
般緊繃光滑時,就代表
揉麵已完成。放入調理
碗,蓋上保鮮膜,靜置
常溫發酵30分鐘。

8

將麵團桿成15x15cm正
方形,放在烤盤上。放
上濕的布巾,再蓋上一
層保鮮膜以防乾燥。放
進冰箱冷藏20分鐘,至
麵團中心也冰涼為止。

9

包入酥皮奶油(1層)。

10

用桿麵棍桿成25x15cm
的長方形，再折成3折
（3層）。

11

放回烤盤上，做好防乾
燥措施後放進冰箱，醒
麵20分鐘。

12

重複10和11步驟（27
層）。

13

用桿麵棍將麵團桿成
26x18cm的長方形，每
邊切掉1cm。

14

切分為底邊8cm的等腰
三角形（最兩側的直角
三角形合併起來就是一
個等腰三角形）。

15

輕輕拉長切分出的三角
形，一邊拉住底邊一邊往
上捲，捲成可頌形狀後，
放在烤盤上。

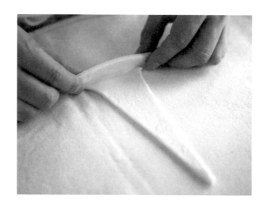

16

第二次發酵：使用烤箱
的發酵機能，溫度設定
為攝氏30度，發酵30分
鐘。

17

完成烘烤：塗上蛋液，
以預熱攝氏200度的烤
箱烤13分鐘。

18

取出可頌，擱置於架上
放涼。

法式鹹派

Croissant
可頌基礎麵團

Ingredients List

材料（直徑7.5cm布丁杯烤模6個份）

可頌麵團材料全部

（請參照P.174）

配料

　波菜 …………… 2把

　培根 …………… 4片

　鴻喜菇 ……… 1/2包

鹹派蛋奶餡

　蛋 …………… 30g

　牛奶 …………… 30g

　鮮奶油 ………… 30g

　鹽・胡椒 ………少許

焗烤起司………… 30g

西洋芹…………適量

Point Memo

◦ 配料的波菜切掉根部，切成5cm長，培根切成1cm長，鴻喜菇切除蒂頭撥開。全部一起加熱，用培根出的油炒熟後放涼備用。

◦ 將所有蛋奶餡材料混合備用。

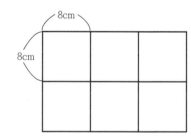

Preparation

揉出可頌基礎麵團，做好酥皮奶油備用。

1

將麵團桿成26x18cm長方形後，每邊切除1cm，再切成每邊為8cm的正方形（6片）。用手輕輕拉寬（A），鋪進內側塗好油的布丁杯烤模。

A

2

將配料分成6等分，分別放入麵皮上，倒入不會溢出麵皮外的蛋奶餡，放上焗烤起司（B），用預熱攝氏200度的烤箱烤10分鐘。出爐後，從烤模中取出鹹派，撒上西洋芹放涼。

※不需要第二次發酵。

藍莓奶油起司可頌

Ingredients List

材料（6個份）

可頌麵團材料全部

（請參照P.174）

起司醬

　　奶油起司 ……… 60g

　　上白糖 ………… 20g

　　檸檬汁 ……… 1小匙

藍莓（冷凍）…… 6粒

糖粉……………適量

蛋液……………適量

Point Memo

仔細攪拌奶油起司，裝入偏厚的塑膠袋備用（剪下一角，做為擠花袋）。

Preparation

揉出可頌基礎麵團，做好酥皮奶油備用。

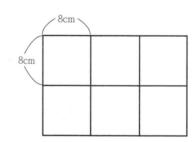

1

將麵團桿成26x18cm長方形後，每邊切除1cm，再切成每邊為8cm的正方形（6片）。四角朝中央折入，用沾過麵粉的叉子壓緊（A），放在烤盤上。

A

2

結束30分鐘的第二次發酵（可頌麵團步驟16）後，表面塗上蛋液，將10g奶油起司擠在麵團中央（B），放上事先解凍的藍莓，放入預熱攝氏190度的烤箱烤15分鐘。放涼後撒上糖粉。

巧克力可頌

Croissant
可頌基礎麵團

Ingredients List

材料（12個份）

可頌麵團材料全部
（請參照P.174）

純苦巧克力片…　12片
蛋液………………適量

Preparation

揉出可頌基礎麵團，做好酥
皮奶油備用。

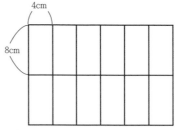

1

將麵團桿成26x18cm長方形後，每邊切除1cm，再切成每邊為8cm的正方形。每一片正方形麵皮都再次對半切開，切分為8x4cm的長方形（12片）。

2

將切好的麵皮對折，劃上3個切口（A），中間夾入一片巧克力（B），以切口朝上放在烤盤上。結束30分鐘的第二次發酵（可頌麵團步驟16)後，以預熱攝氏190度的烤箱烤14分鐘。

熱狗可頌

Croissant
可頌基礎麵團

Ingredients List

材料（6個份）

可頌麵團材料全部
（請參照P.174）

小熱狗……………… 6條

蛋液……………………適量

Preparation

揉出可頌基礎麵團，做好酥
皮奶油備用。

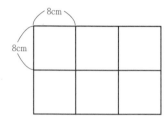

1

將麵團桿成26x18cm長方形
後，每邊切除1cm，再切成
每邊為8cm的正方形（6片）。
捲起一根小熱狗（A），用刀
劃出3道斜切口（B），放在烤
盤上。

2

結束30分鐘的第二次發酵
（可頌麵團步驟16）後，表
面塗上蛋液，以預熱攝氏
190度的烤箱烤15分鐘。

基礎塑形
Basic technique

　　以下舉出幾種做麵包時經常用到的基礎塑形技巧。塑形前麵團一定要完成醒麵，用手輕壓麵團，釋放較大團的多餘氣體。

　　此外，無論塑為何種形狀，都嚴禁勉強拉伸麵團。覺得麵團延展度不好時，可以蓋上濕布巾讓麵團休息一下，這是幫助麵團鬆弛的方法。

搓成長條狀

1

拍掉多餘氣體後，從上往下將麵團對折。

2

再從下往上對折一次，
壓平折縫處。

3

再將上下兩端往中央折，
仔細捏緊收口。

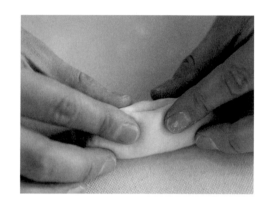

4

用手心按住麵團滾揉，
使麵團拉長為所需長度。

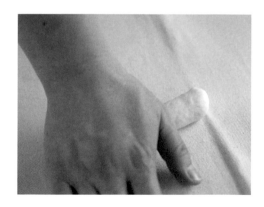

桿成圓形

1

桿麵棍放在麵團中央，
上下滾動桿麵棍。

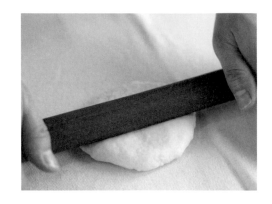

2

將麵團轉90度後，繼續
上下滾動桿麵棍。

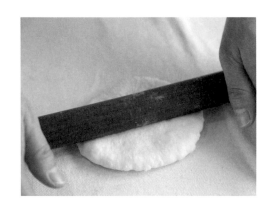

3

翻面，重複相同桿麵方
式。正反面交替桿，直
到桿成所需面積。（每
次都要轉90度再桿一
次）

桿成長方形

1

桿麵棍放在麵團中央，
上下滾動桿麵棍。

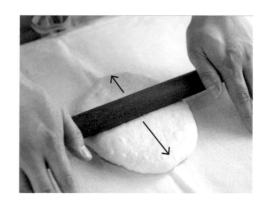

2

將桿麵棍呈對角斜放，
滾動桿麵棍，將麵團桿
出角度。

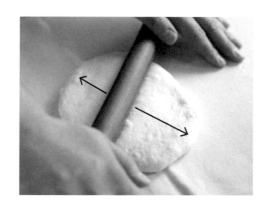

3

翻面以同樣方式桿麵。
如此正反面交替桿，直
到桿成所需面積。

塑為枕形

1

將麵團桿成長方形後，
從內側一邊輕拉麵團，
一邊將麵團捲起。

2

捲完後要捏緊麵團收口。

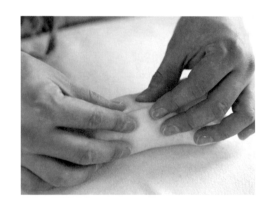

3

將收口朝下，放在烤盤
上，放入烤模中。

混合食材

1

在加入食材的步驟，先將食材放上去，用拇指和食指以捏斷麵團的感覺將食材揉入其中。

2

食材大致與麵團混合後用雙手取出麵團，以從麵團內側翻出外側的方式揉開麵團，使食材均勻分佈。

3

等食材均勻分佈後，再次摔打麵團，完成揉麵。

下次放假時
不如嘗試自己動手做麵包？

依麵團類別INDEX

Postscript

麵包出爐的時刻，
是令人開心的瞬間。
烤好的麵包那令人垂涎三尺的色澤，
有人稱之為金棕色，形容得真貼切！
金黃發光的麵包，能為大家帶來幸福的心情。
希望大家透過這本書能找到喜歡的麵包，
然後也閃耀著金棕色的光澤出爐！

國家圖書館出版品預行編目(CIP)資料

今天來烤麵包吧：4種基礎麵團X53款美味麵包 / 荻山和也著；
邱香凝譯. -- 初版. -- 臺北市：笛藤，2015.12
　　面；　　公分
ISBN 978-957-710-663-6(平裝)

1.點心食譜 2.麵包

427.16　　　　　　　　　　　　　　　　104025456

今天來烤麵包吧：4種基礎麵團X53款美味麵包

初版1刷　　2016年1月6日　　定價260元

著　　　者	荻山和也
總　編　輯	賴巧凌
編　　　輯	葉雯婷
封 面 設 計	王舒玕
譯　　　者	邱香凝
發　行　人	林建仲
發　行　所	笛藤出版圖書有限公司
地　　　址	台北市重慶南路三段1號3樓之一
電　　　話	(02)2358-3891
傳　　　真	(02)2358-3902
製　版　廠	造極彩色印刷製版股份有限公司
地　　　址	新北市中和區中山路二段340巷36號
電　　　話	(02)2240-0333・(02)2248-3904
總　經　銷	聯合發行股份有限公司
地　　　址	新北市新店區寶橋路235巷6弄6號2樓
電　　　話	(02)2917-8022・(02)2917-8042
劃 撥 帳 戶	八方出版股份有限公司
劃 撥 帳 號	19809050

●本書經合法授權，請勿翻印●
裝訂如有缺頁、漏印、破損請寄回更換

Dee Ten Publishing Co,.Ltd.
Printed in Taiwan